CRUSTÁCEOS MARINOS ASOCIADOS AL PUERTO DEPORTIVO DE CEUTA: DETECCIÓN DE ESPECIES EXÓTICAS Y HERRAMIENTAS DE MONITORIZACIÓN

Macarena Ros
Carlos Navarro Barranco
José Manuel Guerra García

INSTITUTO DE ESTUDIOS CEUTÍES
CEUTA 2024

Colección *Trabajos de Investigación*

Ciencias

El contenido de esta publicación procede de la Beca concedida por el Instituto de Estudios Ceutíes, perteneciente a la Convocatoria de Investigación de 2015.

© EDITA: INSTITUTO DE ESTUDIOS CEUTÍES
Apartado de correos 593 • 51080 Ceuta
Tel.: + 34 - 956 51 0017
E-mail: iec@ieceuties.org
www.ieceuties.org

Comité editorial:
Carlos Pérez Marín • José Luis Ruiz García
Adolfo Hernández Lafuente • María José Fernández Maqueira
Guadalupe Romero Sánchez • María Jesús Fuentes García

Jefa de publicaciones:
María Teresa Cuesta Chaparro

Diseño y maquetación:
Enrique Gómez Barceló

Realización e impresión:
Imprenta Olimpia S. C.

ISBN: 978-84-18642-38-8
Depósito Legal: CE 41 - 2023

ÍNDICE

CRUSTÁCEOS MARINOS ASOCIADOS AL PUERTO DEPORTIVO DE CEUTA: DETECCIÓN DE ESPECIES EXÓTICAS Y HERRAMIENTAS DE MONITORIZACIÓN

Responsable Principal Del Proyecto

Macarena Ros Clemente (Universidad de Sevilla)

Miembros del Equipo de Investigación

José Manuel Guerra García (Universidad de Sevilla)

Carlos Navarro Barranco (Universidad de Sevilla)

Investigadores Colaboradores en el proyecto:

Marina González Sánchez (Universidad Pablo de Olavide)

Enrique Ostalé Valriberas (Estación de Biología Marina del Estrecho, Universidad de Sevilla)

Los resultados expuestos en la presente memoria han sido parcialmente publicados en el artículo *"Starting the stowaway pathway: the role of dispersal behavior in the invasion success of low-mobile marine species"*, publicado en la revista *Biological Invasions*.

1

INTRODUCCIÓN

Las invasiones biológicas constituyen un fenómeno mediante el cual algunas especies se establecen, propagan y proliferan en áreas alejadas de su rango natural de distribución (Elton, 1958). Aunque no es un fenómeno reciente, ni provocado en exclusiva por el hombre (Mack et al., 2000), su espectacular aumento no podría entenderse si no es bajo el contexto del "Cambio Global" (Hobbs y Mooney, 2005). En un mundo cada vez más interconectado, pocos son los rincones del planeta donde el ser humano no ha introducido especies foráneas, ya sea de forma accidental o intencionadamente (Fridriksson y Magnusson 1992; Mack et al., 2000). Este proceso, en el que todavía quedan muchos aspectos por conocer (Ros et al., 2023), está provocando una alteración sin precedentes en los ecosistemas de todo el planeta (Carlton y Gueller 1993; Schmitz y Simberloff, 1997; Ruiz et al., 1997; Pimentel et al., 2000).

Especies introducidas, exóticas, no-nativas o no-indígenas son ejemplos de diferentes términos empleados en la literatura para definir a aquellas especies que han sido introducidas fuera de su rango natural de distribución (rango nativo), intencionada o deliberadamente, por mediación del ser humano (IUCN, 2000). Estas especies se consideran establecidas cuando se reproducen con éxito y de forma autónoma (sin ayuda del hombre) en el lugar de introducción (Kolar y Lodge, 2001). Las especies cuyo rango nativo de distribución se desconoce, y por tanto no pueden ser clasificadas claramente como nativas o introducidas en un lugar determinado, son denominadas especies criptogénicas (*sensu* Carlton, 1996a). El carácter "invasor" es el término que genera mayor controversia. Por lo general, las especies invasoras son consideradas como una fracción de las especies introducidas que, una vez establecidas, causan un impacto económico y/o ecológico sobre las comunidades nativas (e.g. Davis y Thomson, 2000; Mack et al., 2000; McNeely et al., 2001).

La proliferación de especies exóticas invasoras es, tras la destrucción del hábitat, una de las mayores amenazas derivadas de la actividad humana en mares y océanos de todo el planeta (Carlton, 1996b; Ruiz et al., 2000; Hayes y Sliwa, 2003). Además, la presencia de especies exóticas constituye uno de los descriptores que definen la calidad medioambiental de las aguas europeas según la Directiva Marco sobre la Estrategia Marina (European Commision, 2008).

El reconocimiento de los vectores de introducción de especies exóticas es el primer paso para poder establecer programas de detección de estas especies. La monitorización de los focos de introducción de especies exóticas es necesaria para la detección temprana de estas especies, cuando la gestión es todavía posible (Olenin et al., 2011). Además, la caracterización de la diversidad de especies en una zona puede ser clave para la detección temprana de especies introducidas que no habían sido encontradas previamente en la zona. El principal vector de propagación de especies exóticas marinas es el tráfico marítimo, tanto comercial como recreativo. La propagación se produce mediante dos formas principalmente: (1) en el agua de lastre usada por los grandes barcos para equilibrar su carga; y (2) en asociación con las comunidades incrustantes (también conocidas como comunidades del "fouling") que se adhieren a las estructuras sumergidas los barcos y las pequeñas embarcaciones (Figura 1). Los organismos que conforman estas comunidades y que están presentes en los puertos de origen, pueden establecerse en los puertos de destino si las condiciones son las apropiadas. Todo ello ha provocado que la fauna

Figura 1. Comunidades del fouling asociadas a la pared lateral de un pantalán del puerto deportivo de Ceuta.

de los puertos sea muy similar en unos lugares y otros, en lo que se ha venido a llamar la "homogeneización de la biota" (McKinney y Lockwood, 1999).

Si bien el agua de lastre, por la enorme capacidad de transporte de especies foráneas, ha recibido gran atención por parte de legisladores, la introducción de especies a través de las comunidades incrustantes (de aquí en adelante fouling) ha pasado prácticamente desapercibida para estos. Así por ejemplo, en el año 2004 se adoptó el '*Convenio Internacional para el Control y Gestión del Agua de Lastre y Sedimentos de los Buques*' ratificado por España (BOE de 25 de marzo de 2008). Sin embargo, no hay hasta la fecha una ley que regule en España las especies transportadas en el fouling de los barcos. Esto es especialmente relevante para las embarcaciones de recreo o barcos deportivos, pues pueden dispersar libremente las especies que llevan incrustadas a los lugares a donde viajen.

Los puertos deportivos, a diferencia de los puertos comerciales, aportan una mayor cantidad de superficie disponible para ser colonizada por las comunidades del fouling que viajan adheridas a los barcos que amarran en ellos (Minchin *et al.*, 2006). Por otra parte, los barcos permanecen amarrados más tiempo que en los puertos comerciales, favoreciendo la formación y dispersión de los organismos que conforman estas comunidades (Floerl, 2002). A todo ello se suma el hecho de que estas embarcaciones viajan no solo a puertos cercanos con asiduidad, sino también a enclaves marinos protegidos y calas difícilmente accesibles de otra manera. Esto hace que los puertos deportivos y las pequeñas embarcaciones de recreo formen una extensa y efectiva red de propagación de especies exóticas (Ashton *et al.*, 2006; Davidson *et al.*, 2010) carente de regulación.

En España, la mayoría de los estudios sobre especies exóticas marinas se han centrado en macroalgas o en especies concretas de invertebrados sésiles conocidas por su potencial invasivo en otras regiones del mundo. Sin embargo, las comunidades del fouling asociadas a ambientes portuarios han sido poco estudiadas. Aunque a nivel mundial estas comunidades han recibido mayor atención, la mayor parte de estos estudios se han focalizado en la fauna sésil. La fauna asociada a estos organismos sésiles (organismos epibiontes) es prácticamente desconocida (Chapman *et al.*, 2005; People, 2006; Marzinelli *et al.*, 2009). Estas comunidades epibentónicas están constituídas en gran parte por invertebrados móviles introducidos que han pasado y pasan desapercibidas en los estudios que cuantifican el nivel de invasión de una determinada zona. Por ello, el estudio de estas comunidades resulta esencial para entender el papel que tienen la construcción de puertos y otras formaciones artificiales en la estructura y composición de la fauna marina. Para facilitar su estudio, es necesario promover e incrementar el conocimiento taxonómico de estas especies y desarrollar nuevas estrategicas de recolección.

Uno de los grupos dominantes de invertebrados móviles marinos asociados a sustrato duro artificial son los crustáceos. Los crustáceos son, además, uno de los grupos con mayor capacidad invasora tanto en ecosistemas dulceacuícolas (Devin et al., 2005; Karatayev et al., 2009) como en ecosistemas marinos (Galil, 2008; Zenetos et al., 2010; Carlton, 2011). Esto se debe fundamentalmente a características como una gran capacidad reproductora (ciclos de vida cortos, varias generaciones por año, madurez sexual temprana, etc.), una alta tolerancia a estrés ambiental y una gran plasticidad trófica (Grabowski et al., 2007). Entre los crustáceos, la clase Malacrostraca engloba los grupos más importantes en relación al número de especies exóticas (Hänfling et al., 2011).

Ceuta representa un enclave único para entender cómo el tráfico marítimo que atraviesa el Estrecho de Gibraltar, una zona por la que transitan más de 80.000 barcos al año (Gómez, 2003), está afectando a la composición de crustáceos marinos. Sin embargo, al igual que en el resto del territorio español, el conocimiento que se tiene sobre ellos es muy escaso. La mayor parte de los estudios sobre crustáceos marinos asociados a ambientes portuarios en Ceuta se han centrado en el puerto comercial (Guerra-García y García Gómez, 2004). Sin embargo, las comunidades de crustáceos asociadas al puerto deportivo han recibido mucha menos atención. Por todo ello, el presente estudio se ha centrado en el estudio de los malacostráceos (Crustacea: Malacostraca) nativos e introducidos del puerto deportivo de Ceuta.

1.1 Objetivos

Teniendo en cuenta que los puertos deportivos son enclaves estratégicos para la detección temprana de especies exóticas (Arenas et al., 2006; Campbell et al., 2007; Mineur et al., 2012), el presente estudio ha abordado los siguientes objetivos:

1. Caracterizar las especies de malacostráceos asociados a las comunidades del fouling del puerto deportivo de Ceuta, analizar su estatus en Ceuta y detectar la posible presencia de especies (nativas, exóticas o criptogénicas) que no se han encontrado previamente en el litoral ceutí.

2. Analizar el uso de diferentes sustratos artificiales (pantalanes y colectores pasivos) por estas especies y sus posibles implicaciones.

3. Evaluar el grado de biocontaminación del puerto deportivo de Ceuta a partir del índice de biocontaminación (Arbačiauskas et al., 2008) como medida de análisis de la calidad de las aguas requerida por la Directiva Marco sobre la Estrategia Marina (European Commision, 2008).

4. Elaborar fichas ilustradas de los malacostráceos exóticos encontrados como herramienta base para la detección y seguimiento de estas especies a largo plazo.

2

MATERIAL Y MÉTODOS

2.1. Caracterización de los malacostráceos asociados al puerto deportivo de Ceuta

Para caracterizar las especies de malacostráceos asociados a las comunidades del fouling del puerto deportivo de Ceuta se llevaron a cabo dos campañas de muestreo, una en septiembre de 2015 (verano tardío) y otra en enero de 2016 (invierno). En cada periodo se muestrearon dos áreas dentro del puerto deportivo de Ceuta, una cercana a la entrada de agua y otra en una zona más interior (Figura 2). En cada área se muestrearon dos sitios alejados entre sí decenas de metros. En cada uno de los sitios se recolectaron tres réplicas de la fauna del fouling asociada a la pared lateral de los pantalanes flotantes. Cada réplica consistió en el raspado de una cuadrícula de 20 x 20 cm donde toda la fauna del fouling que quedó en el interior de la cuadrícula fue raspada e inmediatamente embolsada cuidadosamente. Las muestras fueron fijadas in situ con etanol al 95%. De este modo se recolectaron un total de 12 réplicas por periodo de muestreo.

Las paredes de los pantalanes, así como otras estructuras portuarias, están sujetas entre otros factores a variaciones debidas al tipo y la edad del material que las componen, o a los productos y acciones encaminadas a su mantenimiento (labores de limpieza, pinturas antifouling, etc.). Todo ello condiciona el asentamiento de las especies sésiles arborescentes (basibiontes) y, en consecuencia, de las especies que viven asociadas a estas (epibiontes). Para desarrollar estrategias de monitorización a largo plazo de comunidades epibiontes, es aconsejable reducir esta variabilidad para facilitar la comparación de los resultados obtenidos a grades escalas espacio-temporales. Por ello, además de muestrear la comunidades asociadas a la pared lateral de los pantanales, se utilizaron colectores pasivos estandarizados. Cada uno de estos colectores estuvo compuesto por una malla de plástico

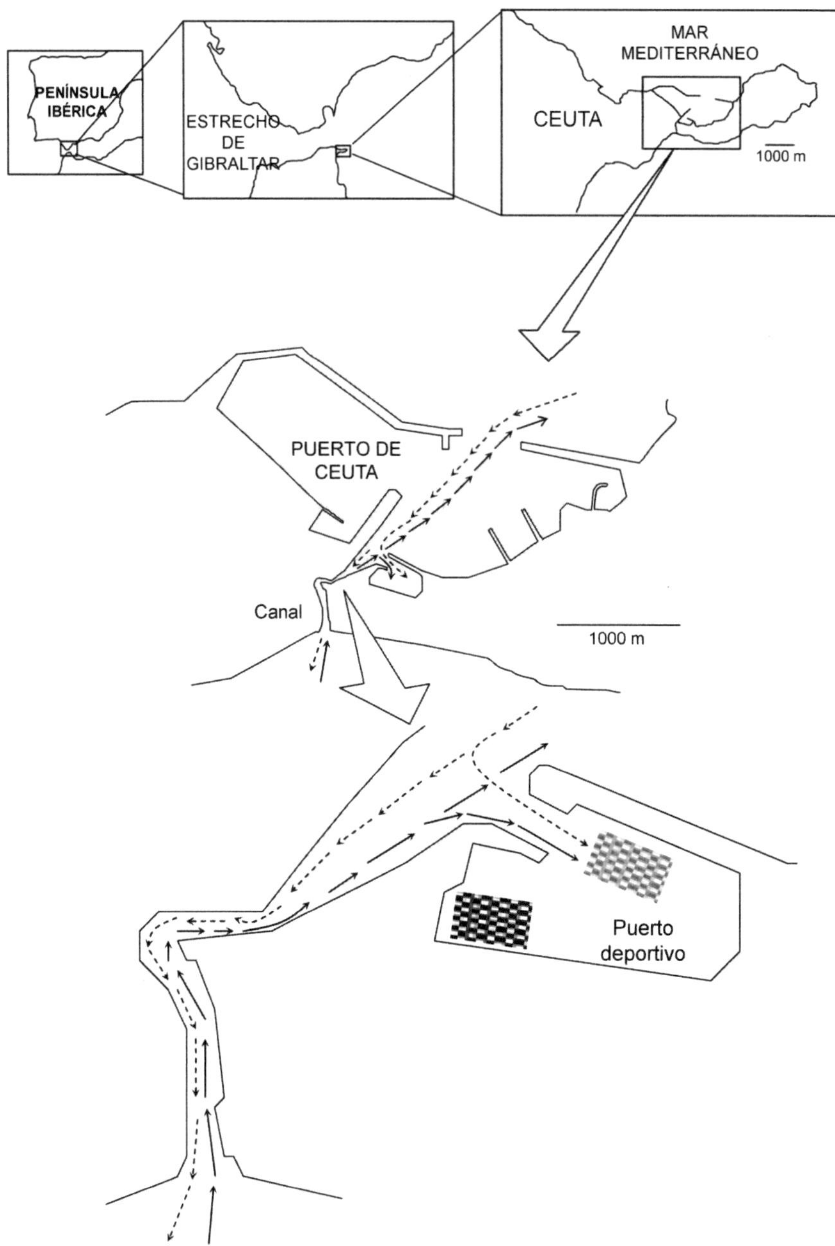

Figura 2. Área de estudio donde se muestran los sitios de muestreo dentro del puerto deportivo (interior en sombreado oscuro y exterior en sombreado claro) así como las corrientes de agua (modificado de Guerra-García y García-Gómez, 2009).

replegada (que consistió en una esponja de baño comercial tipo malla, de bajo coste y fácil adquisición) atada a una cuerda. Esta cuerda se unió por un extremo a una cornamusa del pantalán flotante y por el otro a una piedra que actuó como lastre (Figura 3). Las mallas se anclaron a la cuerda con una brida de modo que quedaron colocadas a un metro de profundidad en la columna de agua (similar a como se colocan las placas de PVC de 9 x 9 cm que se utilizan para muestrear fauna sésil). Estas mallas habían sido previamente utilizadas con éxito para cultivar crustáceos anfípodos en tanques de acuicultura (Baeza-Rojano et al., 2013). El diseño experimental que se siguió fue el mismo que para los rascados. De este modo, en cada sitio, además de los rascados, se colocaron 16 colectores pasivos por periodo de muestreo, donde 8 se retiraron a los 3 días, para ver la colonización a muy corto plazo, y otros 8 se retiraron a los 15 días, para ver la colonización a corto plazo. Se colocaron por tanto un total de 64 colectores por periodo de muestreo (128 en total).Tras el periodo de inmersión, las mallas fueron retiradas cuidadosamente del agua y fijadas in situ con etanol al 95%.

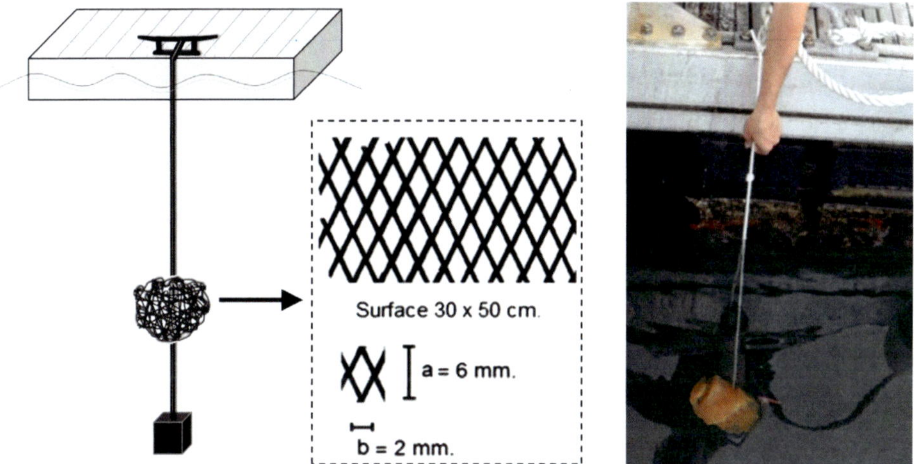

Figura 3. Esquema simplificado de las partes que conforman el colector pasivo y su colocación en el área de estudio.

En el laboratorio se separaró toda la fauna asociada a los rascados y colectores (Figura 4), y los malacostráceos fueron identificados a nivel de especie con ayuda de un estereomicroscopio (lupa binocular) y un microscopio óptico. Para establecer el estatus de cada especie en Ceuta se utilizaron los criterios establecidos por Chapman y Carton (1994) así como la literatura disponible sobre dicha especie. Cuando hubo dudas con el rango nativo, la especie se clasificó como criptogénica.

Figura 4. Procesado de las muestras de rascados en las instalaciones de la Estación Marina del Estrecho. En la esquina superior izquierda se muestran las cuadrículas utilizadas para delimitar la zona a rascar.

2.2. Factores implicados en la colonización de estructuras artificiales

Además de la caracterización de las especies asciadas a colectores y rascados, se analizaron los factores implicados en la colonización de los colectores por sus posibles implicaciones en la dinámica de invasión. Concretamente, las diferencias en composición de la fauna de malacostráceos asociada a los colectores en función del tiempo de inmersión, del periodo de muestreo (estación), del área de muestreo y del sitio dentro del área, se exploraron a través de un análisis PERMANOVA con cuatro factores: "días", fijo con dos niveles (3 y 15 días); "estación", fijo con dos niveles (verano tardío e invierno); "zona", fijo con dos niveles (cerca o lejos de la bocana); y "sitio", aleatorio y anidado con zona, con dos niveles (sitio 1 y 2). Cuando los análisis indicaron diferencias significativas para un determinado factor, estas diferencias se exploraron a través de los test Pair-Wise.

Estos análisis se basaron en la matriz de disimilaridad de Bray-Curtis de los datos de presencia/ausencia y de los datos de abundancia (sin transformar). Para ilustrar estos patrones se utilizó además un análisis nMDS. Por otra parte, para analizar la riqueza de especies y la abundancia total de especies en los colectores se aplicó un análisis ANOVA siguiendo el mismo diseño que para el análisis PERMANOVA anterior. Del mismo modo, se aplicó un análisis ANOVA para la analizar la riqueza y la abundancia de las especies introducidas respecto al total de especies por colector. En todos los casos se analizó la homocedasticidad con el test de Cochran antes de aplicar los análisis ANOVA. En los casos donde la heterogeneidad de varianzas se mantuvo a pesar de aplicar diferentes transformaciones, se procedió a disminuir el nivel de significación estadística (P) de 0.05 a 0.01 siguiendo las directrices de Underwood (1997). Cuando los análisis indicaron diferencias significativas para un determinado factor, estas diferencias se exploraron a través de los test SNK (Student–Newman–Keuls).

Por otra parte, el grado de similitud entre las comunidades encontradas en los colectores y aquellas encontradas en los rascados, así como la identificación de las especies que fueron responsables de las diferencias entre los dos hábitats, se exploraron a través de un análisis SIMPER sobre los datos estandarizados.

Los análisis univariantes se realizaron utilizando el programa GMAV5 (Underwood et al., 2002) y los multivariantes con el programa informático PRIMER v.6 plus PERMANOVA (Clarke y Gorley, 2006).

2.3. Nivel de biocontaminación en el puerto deportivo de Ceuta

Una vez evaluado el estatus de cada especie, se procedió al análisis del nivel de biocontaminación del puerto de Ceuta siguiendo el procedimiento establecido por Arbačiauskas et al. (2008). Este procedimiento establece el índice de biocontaminación por sitios (SBCI), que está basado en dos medidas: el índice de abundancia de contaminación (ACI) y el índice de riqueza de contaminación (RCI). Estos índices se calculan del siguiente modo:

ACI = N_a/N_t, donde N_a y N_t son el número total de individuos exóticos y el número total de individuos presentes en una muestra, respectivamente;

RCI = T_a/T_t, donde T_a es el número total de especies exóticas y T_t es el número total de especies por muestra.

Finalmente, en función del SBCI obtenido, los sitios se pueden clasificar en cinco clases de biocontaminación, que van desde 0 (zona no contaminada) hasta 4 (zona altamente contaminada biológicamente). Estas clases se corresponden con las 5 clases definidas por la Directiva Marco sobre la Estrategia Marina (European Commision, 2008) para clasificar la calidad de la aguas. El nivel de biocontaminación se analizó tanto en los pantalanes flotantes (comunidad madura pero poco comparable) como en los colectores pasivos (comunidad inmadura pero altamente comparable de cara a futuros estudios desarrollados tanto en diferentes localidades como en diferentes tipos de hábitats).

2.4. Elaboración de fichas ilustradas

Para poder monitorizar las especies exóticas encontradas de cara a futuros estudios, así como facilitar su detección temprana en otras zonas del litoral ceutí y áreas adyacentes, se elaboraron fichas ilustradas (ver Apéndice I). Estas fichas incluyen información ecológica y taxonómica útil para su uso por taxónomos no necesariamente especializados en el grupo.

3

RESULTADOS

3.1. Caracterización de los malacostráceos asociados al puerto deportivo de Ceuta

A lo largo del estudio se encontraron un total de 2.926 organismos epibiontes asociados a sustratos artificiales (pared lateral de los pantalanes y colectores pasivos) del puerto deportivo de Ceuta. Los crustáceos malacostráceos fueron el grupo claramente dominante (aportando el 80.7% de organismos al total) tanto en los pantalanes como en los colectores, seguido por Chironomida en los colectores y Polychaeta en los pantalanes (Figura 5). Dentro del grupo Malacostraca, la gran mayoría de los organismos perteneció al suborden Peracarida (a excepción de un

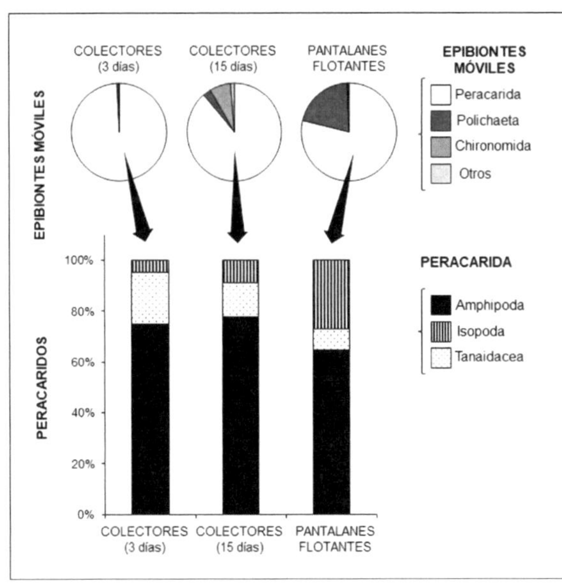

Figura 5. Porcentaje de cada grupo de fauna móvil encontrado en cada tipo de hábitat y detalle del porcentaje de cada grupo de crustáceos peracáridos encontrados en cada tipo de hábitat.

crustáceo decápodo de la especie *Pachygrapsus marmoratus*), por lo que los análisis posteriores se han centrado en este grupo de organismos. Así pues, se encontraron un total de 36 especies de peracáridos (31 en los colectores pasivos y 24 en los pantalanes; Tablas 1 y 2). Seis de estas especies se consideran introducidas en el litoral ceutí, siendo 5 de ellas (los anfípodos *Caprella scaura*, *Stenothe georgiana* y *Jassa slatteryi*, y los isópodos *Paradella dianae* y *Paracerceis sculpta*) nuevas citas para Ceuta y 4 de ellas, además, nuevas para la orilla sur del Estrecho de Gibraltar.

| | | 3 Días | | | | 15 Días | | | |
| | | Verano | | Invierno | | Verano | | Invierno | |
ESPECIES	Estatus	Interna	Externa	Interna	Externa	Interna	Externa	Interna	Externa
ISOPODA									
Dynamene bidentata	N/C								0,06 ± 0,06
Dynamene edwardsi	N			0,06 ± 0,06		0,5 ± 0,15	0,69 ± 0,23	0,31 ± 0,12	0,31 ± 0,18
Paracerceis sculpta	I	0,81 ± 0,4	0,06 ± 0,06	0,44 ± 0,22	0,13 ± 0,08	3,94 ± 0,66		3,69 ± 0,92	0,13 ± 0,08
Paragnathia formica	N				0,06 ± 0,06				
Paranthura costana	N							0,13 ± 0,08	0,13 ± 0,08
TANAIDACEA									
Leptochelia cf. *savinyi*	_	0,06 ± 0,06		0,06 ± 0,06		1,06 ± 0,30	0,13 ± 0,08	1 ± 0,3	0,13 ± 0,13
Zeuxo cf. *coralensis*	_		0,13 ± 0,09	0,06 ± 0,06	0,06 ± 0,06	1,69 ± 0,6	0,69 ± 0,56	1,63 ± 0,6	0,31 ± 0,15
Zeuxo cf. *normani*	_						0,06 ± 0,06		
AMPHIPODA									
Ampithoe ramondi	N						0,06 ± 0,06	0,44 ± 0,25	
Apherusa mediterranea	N					0,13 ± 0,08		0,5 ± 0,16	0,13 ± 0,08
Apolochus cf *picadurus*	_			0,13 ± 0,13				0,13 ± 0,08	
Aora cf *spinicornis*	N	0,06 ± 0,06	0,06 ± 0,06		0,06 ± 0,06		0,75 ± 0,31	0,44 ± 0,18	0,25 ± 0,19
Caprella equilibra	N/C			0,13 ± 0,13			0,06 ± 0,06	0,06 ± 0,06	0,13 ± 0,08
Caprella scaura	I	0,19 ± 0,1	0,13 ± 0,09		0,06 ± 0,06	0,13 ± 0,08	0,31 ± 0,15	1,13 ± 0,71	0,38 ± 0,26
Dexamine spiniventris	N						0,06 ± 0,06		
Dexamine spinosa	N								0,06 ± 0,06
Elasmopus rapax	C/I						0,69 ± 0,5	0,13 ± 0,08	0,13 ± 0,13
Ericthonius argenteus	N						1,94 ± 1,09	0,06 ± 0,06	0,06 ± 0,06
Gammaropsis maculata	N	0,06 ± 0,06					1,31 ± 0,43	0,06 ± 0,06	0,19 ± 0,1
Gammaropsis palmata	N						0,75 ± 0,33		0,06 ± 0,06
Hyale cf *pontica*	_						0,19 ± 0,13		
Ischyrocerus inexpectatus	N		0,13 ± 0,13				0,69 ± 0,23		0,19 ± 0,1
Jassa slatteryi	I	1,06 ± 0,4	1,13 ± 0,2	0,69 ± 0,2	1 ± 0,24	6,06 ± 1,6	14,94 ± 2,77	2,81 ± 0,73	1,75 ± 0,28
Laticorophium baconi	I	0,13 ± 0,13	0,06 ± 0,06	0,13 ± 0,13		1,06 ± 0,5	2,5 ± 0,53	0,63 ± 0,2	1,38 ± 0,33
Microdeutopus chelifer	N								0,44 ± 0,16
Monocorophium acherusicum	N/C/I					1,5 ± 0,38	2 ± 0,34	0,94 ± 0,36	0,13 ± 0,08
Pariambus typicus	N	0,06 ± 0,06	0,25 ± 0,11		0,13 ± 0,08		0,44 ± 0,44		
Phtisica marina	N/C	0,13 ± 0,13			0,06 ± 0,06	3,31 ± 0,63	4,44 ± 0,8	1,06 ± 0,27	0,88 ± 0,51
Podocerus cf. *variegatus*	_						0,06 ± 0,06		
Stenothoe monoculoides	N						0,06 ± 0,06		0,13 ± 0,08
Stenothoe valida	N/C								0,06 ± 0,06

Tabla 1. Media (± error estándar) de la abundancia (individuos por colector) de los crustáceos peracáridos asociados a los colectores situados en las zonas interna y externa del puerto deportivo de Ceuta. N = Nativo; I = Introducido; C = Criptogénico. Las especies para cuyo estatus en Europa no existe consenso aparecen con los diferentes estatus que les han sido asignados en la literatura. Para evitar errores, en este estudio solo se han considerado como verdaderas introducciones aquellas especies para las que existe un consenso claro sobre su estatus de introducida.

ESPECIES	Estatus	VERANO		INVIERNO	
		Interna	Externa	Interna	Externa
ISOPODA					
Dynamene bidentata	N/C				
Dynamene edwardsi	N	•	•	●	●
Paracerceis sculpta	I		·		
Paradella dianae	I		·		
Paranthura costana	N	•	•	•	•
TANAIDACEA					
Leptochelia cf. *savinyi*	_	⬤	⬤		
Zeuxo cf. *coralensis*	_	●		•	
AMPHIPODA					
Ampithoe ramondi	N		●		
Apherusa mediterranea	N	●	⬤	•	
Laticorophium baconi	I			⬤	●
Apolochus cf *picadurus*	N	•	●		
Elasmopus rapax	C/I	•	⬤	⬤	•
Eusiroides dellavallei	N				·
Caprella equilibra	N/C				•
Caprella scaura	I	•			•
Gammaropsis maculata	N		•	●	
Ischyrocerus inexpectatus	N			●	
Jassa slateryi	I			⬤	●
Liljeborgia dellavallei	N				
Phtisica marina	N/C				
Podocerus cf. *variegatus*	_				
Stenothoe cavimana	N				
Stenothoe georgiana	I				•
Stenothoe valida	N/C			●	•

1< ; • 1-5 ; ● 6-10 ; ⬤ 10-20 ; ⬤ >20

Tabla 2. Abundancia media de las especies de peracáridos (individuos/m^2) asociadas a la pared lateral de los pantalanes flotantes

3.2. Factores implicados en la colonización de estructuras artificiales

Los colectores pasivos, cuya colocación permitió analizar los patrones de colonización a corto y muy corto plazo de los crustáceos asociados, albergaron un total de 1.218 peracáridos pertenecientes a 26 géneros y 32 especies (Tabla 1). Los análisis multivariantes evidenciaron un patrón diferencial en la composición (presencia/ausencia) y la estructura (abundancia no transformada) de los peracáridos encontrados en los colectores que se sumergieron durante 15 días y aquellos que sólo lo hicieron durante 3 días (Tabla 3). Por otra parte, los test SNK revelaron que en los colectores sumergidos durante 3 días ambos parámetros se mantuvieron sin apenas variación a lo largo de todo el estudio, mientras que en los colectores sumergidos durante 15 días sí se observaron diferencias con respecto al periodo de estudio (verano tardío e invierno) y la zona de muestreo (cerca o lejos de la bocana). Los análisis nMDS ilustran las diferencias encontradas entre los colectores sumergidos durante 3 días y aquellos que lo hicieron durante 15 días, tanto

Fuente de desviación	Df	Composición de especies (presencia/ausencia)			Estructura de la comunidad (abundancia no transformada)		
		MS	Pseudo-F	P(MC)	MS	Pseudo-F	P(MC)
Días = Da	1	56655	30.43	< 0.001***	58680	23.694	< 0.001***
Estación = Se	1	4440.5	1.334	0.298	111602	3.558	0.002**
Posición = Po	1	23668	8.884	< 0.001***	21825	6.824	< 0.001***
Sitio = Si(Po)	2	2664.2	1.181	0.262	3198.2	1.192	0.2239
Da x Se	1	6151.7	3.205	0.023*	13258	4.984	< 0.001***
Da x Po	1	9376.2	5.036	0.006**	9381.5	3.788	0.003**
Se x Po	1	2345.6	0.704	0.693	2885.8	0.885	0.572
Da x Si (Po)	2	1861.8	0.825	0.648	2476.6	0.9233	0.559
Se x Si(Po)	2	3329.5	1.476	0.103	3260.9	1.2157	0.205
Da x Se x Po	1	3337.9	1.739	0.164	4434.4	1.6671	0.134
Sa x Se x Si(Po)	2	1919.7	0.851	0.618	2659.9	0.992	0.461
Residual	112	2256.4			2682.3		

Pair-Wise test	Da x Se		Da x Po	
(Tanto para la composición de especies como para la estructura de la comunidad)	Se1: Da(3) ≠ Da(15)	Da(3): Se(1) = Se(2)	Po(Int): Da(3) ≠ Da(15)	Da(3): Po(Int) = Po(Ext)
	Se2: Da(3) ≠ Da(15)	Da(15): Se(1) ≠ Se(2)	Po(Ext): Da(3) ≠ Da(15)	Da(15): Po(Int) ≠ Po(Ext)

Tabla 3. Resultados del análisis PERMANOVA para los peracáridos asociados a los colectores. Df = Grados de libertad; MS = Media cuadrática; P(MC) = P valores de Monte Carlo; Se(1) = Verano tardío; Se(2) = Invierno; Da(3) = Colectores sumergidos 3 días, Da(15) = Colectores sumergidos 15 días; Po(Int) = Zona interna; Po(Ext) = Zona externa; * = P < 0.05; ** = P < 0.01; *** = P < 0.01.

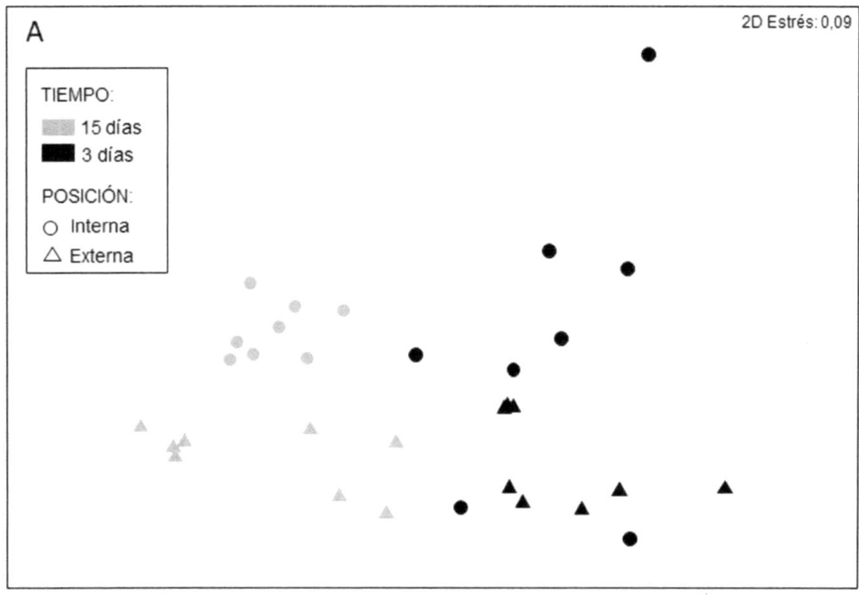

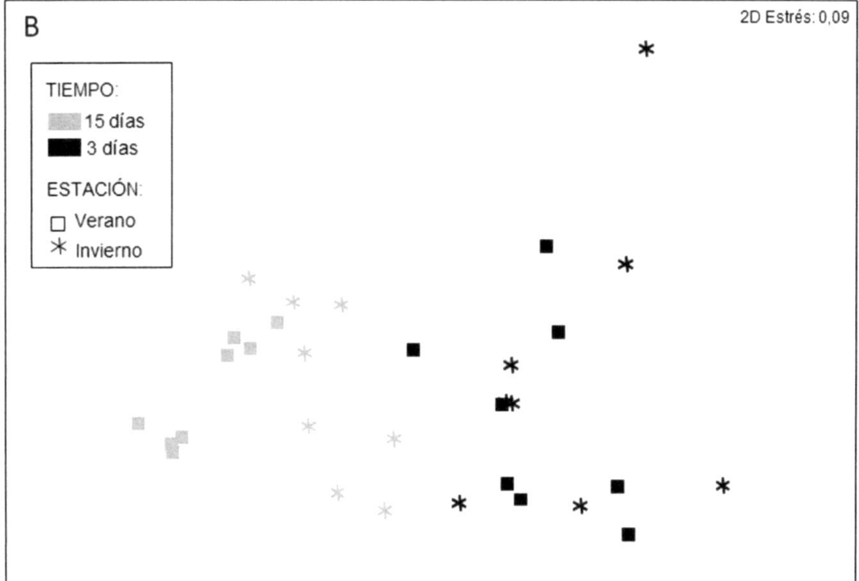

Figura 6. Gráfico nMDS basado en las abundancias (sin transformar) de la fauna asociada a los colectores. A) El gráfico representa la interacción entre los días que el colector está sumergido y la posición donde fueron colocados dentro de la marina. B) El gráfico representa la interacción entre los días que el colector está sumergido y el periodo de muestreo.

en las zonas muestreadas (Figura 6A) como en los periodos de muestreo (Figura 6B). Estos análisis muestran una mayor homogeneidad entre los colectores de 3 días con respecto a los de 15 días.

Por otra parte, los colectores de 3 días albergaron una menor abundancia de individuos que los de 15 días (media, medida como número de inviduos por colector ± error estándar: 1.94 ± 0.21 y 19.11 ± 1.79 respectivamente). El mismo patrón se econtró con la riqueza de especies (1.35 ± 0.13 en los de 3, y 6.23 ± 0.32 en los de 15 días). Los análisis univariantes revelaron que estas diferencias fueron significativas (Tabla 4). En todos los casos los patrones se mantuvieron a lo largo del periodo de estudio y de la zona de muestreo. Sin embargo, en el caso del factor "zona", las diferencias no fueron constantes a lo largo del estudio. Así pues, en verano los colectores colocados en la zona cercana a la bocana del puerto tuvieron una mayor abundacia y riqueza de especies que los colocados en la zona más interna (riqueza de especies: 4.56 ± 0.63 y 3.37 ± 0.40 respectivamente; abundancia total: 17.38 ± 2.48 y 11.27 ± 1.31 respectivamente), mientras que en invierno el patrón que se encontró fue el inverso (riqueza de especies: 2.97 ± 0.43 y 4.25 ± 0.68 respectivamente; abundancia total: 4.47 ± 0.55 y 6.28 ± 1.31 respectivamente).

Respecto al estatus de las especies encontradas, la abundancia de especies exóticas respecto al total de especies (por cada colector), así como la riqueza de especies exóticas respecto al total por colector, fue significativamente mayor en los colectores de 3 días que en los de 15 días (Tabla 4). Estos patrones se mantuvieron a lo largo del periodo de estudio y las zonas de muestreo.

Si comparamos los peracáridos encontrados en los colectores pasivos y los pantalanes, observamos que los colectores albergaron un mayor número de especies y prácticamente la misma cantidad de individuos que los rascados de los pantalanes. De las especies que colonizaron los colectores, el 64.5% también estuvo presente en los rascados. Sin embargo, un gran porcentaje de especies (el 55.5%) fue exclusiva de uno u otro hábitat. Dos species introducidas fueron las que caracterizaron los colectores pasivos de 3 días, el anfípodo *Jassa slateryi* y, en menor medida, el isópodo *Paracerceis sculpta*. El anfípodo *J. slateryi* también contribuyó en gran medida a caracterizar los colectores de 15 días, junto a las especies (en orden decreciente de importancia) *Phtisica marina*, *P. sculpta*, *Laticorophium baconi* y *Monocorophium acherusicum*. En el caso de los pantalanes, la especie que más caracterizó a este hábitat fue el anfípodo *Elasmpus rapax*, seguido de *Apherusa mediterránea*, *Leptochelia* cf. *savinyi*, *Dynamene edwardsi*, *Laticorophium baconi* y, con menor importancia, *J. slateryi* (Tabla 5). El análisis SIMPER también mostró que las comunidades de peracáridos encontradas en los colectores pasivos de 3

Factores	df	% Abundancia Exóticas			% Riqueza Exóticas			Abundancia			Riqueza de especies			F versus
		MS	F	P	MS	F	P	MS	F	P	MS	F	P	
Días = Da	1	17043.19	32.33	**0.03***	46056.13	94.74	**0.01***	111.17	443.63	**0.002****	42.88	209.82	**0.005****	Da x Si(Po)
Estación = Se	1	500.07	0.47	0.562	12.5	0.04	0.867	7.85	150.33	**0.007****	0.33	3.71	0.194	Se x Si(Po)
Posición = Po	1	1063.75	1.28	0.376	1485.13	1.36	0.364	0.27	0.34	0.918	0.00	0.01	0.95	Si(Po)
Sitio = Si(Po)	2	833.66	1.35	0.263	1090.63	2.26	0.109	0.78	2.49	0.087	0.41	3.02	0.052	RES
Da x Se	1	244.75	2.50	0.255	150.13	0.44	0.576	2.79	4.76	0.161	0.00	0.00	0.978	Da x Se x Si(Po)
Da x Po	1	1018.13	1.93	0.299	882	1.81	0.31	0.06	0.23	0.677	0.01	0.05	0.841	Da x Si(Po)
Da x Si (Po)	2	527.13	0.85	0.428	486.13	1.01	0.369	0.25	0.80	0.451	0.20	1.5	0.227	RES
Se x Po	1	0.63	0.00	0.983	861.13	2.50	0.255	2.75	2.72	**0.018***	1.7	19.37	**0.048***	Se x Si(Po)
Se x Si(Po)	2	1054.07	1.71	0.186	344.25	0.71	0.492	0.05	0.17	0.847	0.09	0.65	0.526	RES
Da x Se x Po	1	1158.01	11.84	0.075	8	0.02	0.894	2.99	5.11	0.152	1.55	4.47	0.169	Da x Se x Si(Po)
Sa x Se x Si(Po)	2	97.78	0.16	0.854	348.5	0.72	0.488	0.59	1.87	0.158	0.35	2.56	0.082	RES
Residual	112	616.68			482.67			0.31			0.14			
C-test de Cochran		C = 0.18 (n.s.)			C = 0.226 (P < 0.01)			C = 0.145 (n.s.)			C = 0.14 (n.s.)			
Transformación		Ninguna			Ninguna			Ln (X + 1)			Sqrt (X + 1)			

Tabla 4. Resultados del análisis ANOVA para la abundancia y la riqueza de especies introducidas respecto al total de especies por colector, la abundancia total y la riqueza de especies (número de especies) por colector. Df = Grados de libertad; MS = Media cuadrática; P = Nivel de significación; * = P < 0.05; ** = P < 0.01.

y 15 días fueron más parecidas entre sí que con la comunidad encontrada en los pantalanes. Los hábitas más diferentes en cuanto a su comunidad de peracáridos fueron los colectores de 3 días y los pantalanes.

3.3. Nivel de biocontaminación en el puerto deportivo de Ceuta

El valor ACI del conjunto de los colectores pasivos colocados en el puerto deportivo de Ceuta fue igual a 0.50 y el valor RCI fue de 0.10. En el caso del conjunto de los rascados realizados en la pared lateral de los patalantes, el valor ACI fue de 0.16 y el de RCI de 0.21. Siguiendo la tabla 1 de Arbačiauskas et al. (2008), ambos hábitats indican que el nivel de biocontaminación del puerto de Ceuta es de 3 (de un máximo de 4), lo que implica una alta biocontaminación y un estatus ecológico pobre. Este nivel se corresponde con la clase 3 definida por la Directiva Marco sobre la Estrategia Marina de calidad del agua (European Commision, 2008).

Especies	Colectores pasivos de 3 días (PC3) X̄Similaridad = 22.52%		Colectores pasivos de 15 días (PC15) X̄Similaridad = 36.66%		Pantalanes flotantes (FP) X̄ Similaridad = 22.33%		PC3 vs PC15 X̄ Disimilaridad = 22.33%	PC3 vs FP X̄ Dissimilarity = 92.75%	PC15 vs FP X̄ Dissimilarity = 86%
	Abundancia (%)	Similaridad (%)	Abundancia (%)	Similaridad (%)	Abundancia (%)	Similaridad (%)	Disimilaridad (%)	Dissimilarity (%)	Dissimilarity (%)
Apherusa mediterranea	-	-	-	-	12.96	16	-	9.99	8.02
Laticorophium baconi	-	-	8.05	9.59	9.85	10.16	8.87	8.44	7.89
Dynamene edwarsi	-	-	-	-	7.89	11.33	-	6.26	-
Elasmopus rapax	-	-	-	-	13.65	29.5	-	11.52	8.8
Jassa slateryi	26.51	88.06	26.92	47.41	9.74	7.12	24.26	19.14	16.24
Leptochelia cf. *savinyi*	-	-	-	-	14.23	12.88	-	11.14	9.39
Monocorophium acherisicum	-	-	5.45	5.33	-	-	5.12	-	-
Paracerceis sculpta	8.13	7.74	11.24	11.42	-	-	13.79	5.28	7.03
Phtisica marina	-	-	12.22	15.05	-	-	11.93	-	7.62
Zeuxo cf. *coralensis*	-	-	-	-	-	-	5.67	5.87	5.89

Tabla 5. Taxones importantes que caracterizan cada tipo de hábitat (pantalanes flotantes, colectores de 3 días y colectores de 15 días), en base a los valores de similaridad y disimilaridad obtenidos mediante un análisis SIMPER.

4

DISCUSIÓN

4.1. Malacostráceos asociados al puerto deportivo de Ceuta

A lo largo del estudio se han encontrado un total de 37 especies de malacostráceos (36 de ellos crustáceos peracáridos, lo que ha hecho que los análisis se hayan centrado en este grupo). La diversidad encontrada ha sido sorprendentemente alta en comparación con otros estudios relativos a este grupo de crustáceos llevados a cabo en puertos deportivos cercanos. Por ejemplo, Gavira O'Neill et al., (2016) encotraron 12 especies de peracáridos asociados a un briozoo que formaba parte de las comunidades incrustantes de los pantalanes del puerto de Cádiz. En otro estudio centrado en la fauna asociada a un hidrozoo de las comunidades incrustantes de los pantalanes de un puerto deportivo de Huelva, Gavira O'Neill et al., (2015) encontraron hasta 15 especies. En ambos casos, el número de especies es inferior a las 24 especies de peracáridos encontradas en los pantalanes del puerto de Ceuta. Si bien en este caso el estudio no se centró en un único organismo sésil, sino que se rascaron el conjunto de organismos sésiles adheridos a la pared del pantalán en espacios de 20x20 cm. Por otra parte, Guerra-García y García-Gómez, (2004) mostraron que las características espaciales particulares del puerto de Ceuta, con una doble entrada aportada por el Foso Real, incrementaban los niveles de oxígeno en las aguas del puerto favoreciendo el aumento de la biodiversidad en su interior en comparación con otros puertos. Esto podría contribuir a explicar el gran número de especies encontradas en el presente estudio.

Este estudio contribuye al conocimiento de la biodiversidad de crustáceos peracáridos presentes en la región de Ceuta incrementando en cinco el número de especies hasta ahora conocidas. Estas cinco especies, todas de carácter introducido o exótico, son por tanto nuevas para el litoral ceutí. De estas, cuatro son además nuevas para la orilla sur del Estrecho de Gibraltar. Aunque la fecha de introducción exacta es muy difícil de conocer (Galil, 2008), su ausencia en estudios previos llevados a cabo en el área de estudio y en zonas adyacentes relativos a este grupo de crustáceos (e.j. Guerra-García et al., 2003a,b; Guerra-García y García-Gómez 2004, 2006, 2009), podría indicar una introducción reciente en el litoral ceutí. Otra posibilidad radica en el tipo de hábitat estudiado. Mientras que el estudio presente ha explorado las comunidades asociadas a sustrato duro artificial (pantalanes flotantes y colectores pasivos), los estudios previos se han llevado a cabo fundamentalmente en sustrato blando. Teniendo en cuenta que la mayor parte de las especies marinas introducidas a través del tráfico marítimo se encuentran asociadas a los sutratos duros artificiales (e.j. Ruiz et al., 2009), existe la posibilidad de que estas especies estuvieran presentes en la zona con mucha anterioridad pero que hubieran pasado inadvertidas al vivir asociadas a este tipo de sustrato. Respecto al carácter invasor de estas especies, su análisis requiere de estudios específicos para detectar posibles impactos negativos ecológicos y/o económicos en la región. Sin embargo, para alguna de ellas, como es el caso del caprélido *Caprella scaura*, ya se conocen efectos negativos sobre otras especies. Concretamente, estudios llevados a cabo a lo largo de la Península Ibérica evidenciaron un posible desplazamiento de la especie *Caprella equilibra* por parte de *C. scaura* a lo largo de la costa mediterránea peninsular (Ros et al., 2015). La presencia de ambas especies en el puerto deportivo de Ceuta ofrece una oportunidad única para desarrollar estudios de competencia que confirmen estas evidencias.

4.2. Factores implicados en la colonización de estructuras artificiales

El uso de lo colectores pasivos ha permitido abordar la cuestión de la colonización a corto y muy corto plazo de los epibiontes móviles (en este caso, de los crustáceos peracáridos), revelando interesantes diferencias entre las especies introducidas y el resto de especies. Aunque este aspecto ha sido previamente estudiado en especies portuarias de invertebrados marinos sésiles (Dafforn et al., 2009, Somaio et al., 2007), poco se sabía sobre esta cuestión en invertebrados marinos móviles asociados a este tipo de ambientes. Así pues, se obsevó que 4 de las 6 especies exóticas encontradas en el estudio fueron capaces de colonizar con éxito nuevas estructuras en menos de 3 días. De hecho, las especies que caracterizaron los colectores pasivos sumergidos durante 3 días fueron dos especies exóticas, *Jassa slatteryi* y *Paracerceis sculpta*. Así mismo, tanto la abundancia como el número de especies exóticas respecto al resto de la comunidad encontrado en los colectores de 3 días fue significativamente mayor que en los de 15 días, independientemente de la zona de colocación dentro del puerto o el periodo de muestreo. Esto podría implicar que un barco que contiene estructuras tridimensionales sumergidas, bien porque formen parte de la estructura del barco (ej. motor) o bien porque se trate de fauna arborcente sésil incrustada, en tan sólo 3 días de estancia en un puerto (ej. visita transitoria de un fin de semana) podría convertirse en un agente dispersante de parte de la fauna móvil exótica del puerto donde ha permanecido amarrado (ej. puerto deportivo de Ceuta). Respecto a la dinámica de invasión de especies móviles exóticas, es posible que la capacidad de algunas de estas especies para colonizar nuevas estructuras en tan corto plazo sea en parte responsable de su gran dispersión secundaria en el área de invasión (una vez han sido introducidas por primera vez en dicha área). De este modo, la capacidad de colonización de estructuras artificiales a corto plazo podría dar pistas sobre el potencial invasor de una determinada especie, aspecto clave para poder prevenir la futura introducción de nuevas especies exóticas. Así pues, a las dos semanas de inmersión, las especies que caracterización estos colectores fueron o bien introducidas, o bien especies que han sido clasificadas como introducidas en otras áreas del mundo, por lo que también tendrían un potencial invasor demostrado. Todo esto nos lleva a la conclusión que la colocación de estos colectores podría constituir una herramienta adecuada para detectar y monitorizar la presencia de especies con potencial invasor en diferentes hábitats y regiones del mundo.

4.3. Importancia de Ceuta en la detección de especies exóticas y herramientas de monitorización

Ceuta constituye un enclave estratégico para monitorizar la entrada de invertebrados marinos a través del tráfico marítimo. Esto se debe a su posición dentro del Estrecho de Gibraltar y al hecho de constituir una de las vías de entrada más importantes a la costa norte del continente africano. Además de estos aspectos geográficos, la importancia de Ceuta para entender la dinámica de las invasiones en comunidades epibentónicas marinas se debe al conocimiento previo que se tiene sobre ellas (tal y como se ha comentado en el apartado 4.1). Este estudio se ha apoyado en gran medida en este conomiento previo para entender el estatus en Ceuta de cada una de las especies encontradas. Así, se ha podido determinar que el nivel de biocontaminación del área de estudio es alto (con un valor de 3 sobre 4). Además, si se resuelve el rango nativo de algunas especies potencialmente introducidas, como es el caso de *Monocorophium acherusicum* o *Elasmopus rapax* (ver Tabla 1), este valor podría aumentar. Aunque no todas las especies exóticas generan un perjucio en la actualidad, un pequeño cambio en las condiciones ambientales o la llegada de nuevos individuos con haplotipos más resistentes o agresivos pueden generar un impacto en el futuro próximo (caso del alga *Rugulopteryx okamurae*; García-Gómez et al., 2020). Una vez detectemos dicho impacto, las posibilidades de gestionar dicha invasión serán mucho menores si no sabemos nada sobre la ecología de la especie. Por todo ello que el puerto de Ceuta ofrece una oportunidad única para entender los factores que condicionan la dinámica de invasión de la especies introducidas y mejorar la gestión de sus impactos potenciales. Para contribuir a ello, en este estudio se ha hecho especial incapié en el uso de herramientas de monitorización, como el uso de índices de biocontaminación, unidades de muestreo estandarizadas (i.e. colectores pasivos) y el desarrollo de fichas ilustradas para facilitar las tareas de detección y seguimiento de especies exóticas. Por ejemplo, las fichas ilustradas (Apéndice I) y los colectores pasivos utilizados en el presente estudio podrían utilizarse para entender la evolución de la biocontaminación en Ceuta a una escala espacial y temporal más larga. Así mismo, aportarían una medida estandarizada y comparable con otras localidades (independiente del tipo de sustrato, su edad y demás características).

5

CONCLUSIONES

Solo aquellas regiones que tengan un buen conocimiento sobre su biodiversidad estarán preparadas para la detección temprana de especies introducidas (Rocha y Primo, 2014). Este estudio evidencia por primera vez el potencial del puerto deportivo de Ceuta como enclave estratégico para la detección de especies introducidas de crustáceos peracáridos, un grupo clave para entender la dinámica de propagación de especies a través de los barcos recreativos. Nuestros resultados evidencian que este grupo de crustáceos (especialmente los anfípodos) son el grupo dominante de la fauna de invertebrados móviles del puerto deportivo de Ceuta, presentando una gran diversidad de especies (con un total de 36 especies de peracáridos). Seis de estas especies fueron introducidas, siendo cinco de ellas la primera vez que se citan en el litoral ceutí (los anfípodos *Caprella scaura, Stenothe georgiana* y *Jassa slatteryi,* y los isópodos *Paradella dianae* y *Paracerceis sculpta*). Cuatro de estas especies, *Jassa slatteryi, Laticorophium baconi, Paracereceis sculpta* y *Caprella scaura* han mostrado una gran capacidad de colonización de nuevas estructuras artificiales en un corto intervalo de tiempo (3 días), lo que podría contribuir a explicar su amplia propagación a escala global. Estas especies han contribuído a que el nivel de biocontaminación del puerto deportivo de Ceuta sea alto (de grado 3). Este estudio podría servir de base para entender la evolución del nivel de biocontaminación en Ceuta a largo plazo. Así mismo, aporta dos herramientas estratégicas para trabajar en este sentido: primera, las fichas ilustradas de las seis especies exóticas encontradas con información taxonómica y ecológica útil (Apéndice), y segunda, una metodología estandarizada, barata y fácil de aplicar como es el uso de los colectores pasivos aquí diseñados.

6

AGRADECIMIENTOS

En primer lugar queremos agradecer al Instituto de Estudios Ceutíes su confianza para financiar nuestra propuesta. Así mismo, agradecemos a la Autoridad Portuaria de Ceuta y al puerto deportivo de Ceuta por permitirnos llevar a cabo los muestreos realizados. También queremos hacer extensivo este agradecimiento a José C. García Gómez y José M. Ávila por permitirnos usar las instalaciones de la Estación Marina del Estrecho para procesar las muestras recolectadas. Este proyecto no habría podido desarrollarse sin la estimable ayuda de Enrique García Ostalet y Marina González Sánchez, que han colaborado en las tareas de recolección y separación de muestras.

7

BIBLIOGRAFÍA

Arbačiauskas K., Semenchenko V., Grabowski M., Leuven R. S. E . W., Paunovic M., Csanyi B. *et al.,* (2008). Assessment of biocontamination of benthic macroinvertebrate communities in *European inland waterways. Aquatic Invasions* 3:211–230.

Arenas F., Bishop J. D. D., Carlton J. T., Dyrynda P. J., Farnham W. F., Gonzalez D.J., et al., (2006). Alien species and other notable records from a rapid assessment survey of marinas on the south coast of England. *Journal of the Marine Biological citationtion of the United Kingdom* 86: 1329–1337.

Ashton G., Boos K., Shucksmith R., Cook E., (2006). Rapid assessment of the distribution of marine non-native species in marinas in Scotland. *Aquatic Invasions* 1:209–13.

Baeza-Rojano E., Calero-Cano S., Hachero-Cruzado I., Guerra-García J. C., (2013). A preliminary study of the *Caprella scaura* amphipod culture for potential use in aquaculture. *Journal of Sea Research* 83: 146–151.

Campbell M. L., Gould B., Hewitt C. L., (2007). Survey evaluations to assess marine bioinvasions. *Marine Pollution Bulletin* 55: 360–378.

Carlton J. T., (1996a). Biological invasions and cryptogenic species. *Ecology* 77:1653–1655.

Carlton J. T., (1996b). Marine bioinvasions: The alternation of marine ecosystems by nonindigenous species. *Oceanography* 9: 36–43.

Carlton J. T., (2011). The global dispersal of marine and estuarine crustaceans. In: Galil BS, Clark PF, Carlton JT (eds.) In the *Wrong Place - Alien Marine Crustaceans: Distribution, Biology and Impacts, Invading Nature, Springer, Dordrecht*, pp 3–23

Carlton J. T., Gueller J. B., (1993). Ecological roulette: the global transport of nonindigenous marine organisms. *Science* 261: 78–82

Chapman J. W., Carlton J. T., (1994). A test of criteria for introduced species: the global invasion by the isopod *Synidotea laevidorsalis* (Meirs, 1881). *Journal of Crustacean Biology* 11: 386–400.

Chapman M. G., People J., Blockley D., (2005). Intertidal assemblages associated with natural *Corallina* turf and invasive mussel beds. *Biodiversity and Conservation* 14:1761–1776.

Clarke K. R., Gorley R. N., (2001). PRIMER (Plymouth Routines in Multivariate Ecological Research) v.5: User Manual/Tutorial.PRIMER-E Ltd, Plymouth.

Clarke KR, Gorley R. N., (2006). PRIMER v6: User manual/tutorial. PRIMER-e, Plymouth, UK, 192pp.

Dafforn K. A., Johnston E. L., Glasby T. M., (2009). Shallow moving structures promote marine invader dominance. *Biofouling* 25(3): 277-287.

Davidson I. C., Zabin C. J, Chang A. L., Brown C. W., Sytsma M. D., Ruiz G. M., (2010). Recreational boats as potential vectors of marine organisms at an invasion hotspot. *Aquatic Biology* 11: 179–191.

Davis M. A., Thompson K., (2000). Eight ways to be a colonizer; two ways to be an invader: a proposed nomenclature scheme for invasion ecology. *ESA Bulletin* 81: 226–230.

Devin S., Bollache L., Noel P. Y., Beisel J. N., (2005). Patterns of biological invasions in French freshwater systems by nonindigenous macroinvertebrates. *Hydrobiologia* 551:137–146.

Elton C. S., (1958). *The ecology of invasions by animals and plants.* Methuen, London.

European Commission, (2008). *Directive 2008/56/EC of the European Parliament and of the council of 17 June 2008 establishing a framework for community action in the field of marine environmental policy (Marine Strategy Framework Directive).* Off. J. Eur. Commun. L164, 19 (25.06.2008).

Floerl O., (2002). *Intracoastal spread of fouling organisms by recreational vessels. PhD Dissertation*, James Cook University, Townsville.

Fridriksson S., Magnusson B., (1992). Development of the ecosystem on Surtsey with references to Anak Krakatau. *GeoJournal* 28:287–291.

Galil B. S., (2008). Alien species in the Mediterranean Sea-which, when, where, why? *Hydrobiologia* 606:105–116.

García-Gómez J. C., Sempere-Valverde J., González A. R., Martínez-Chacón M., Olaya-Ponzone L., Sánchez-Moyano E., ... & Megina C., (2020). From exotic to invasive in record time: The extreme impact of *Rugulopteryx okamurae* (Dictyotales, Ochrophyta) in the strait of Gibraltar. *Science of the Total Environment*, 704, 135408.

Gavira-O'Neill K., Guerra-García J. M., Moreira J., Ros M., (2016). Mobile epifauna of the invasive bryozoan *Tricellaria inopinata*: is there a potential invasional meltdown? *Marine Biodiversity* DOI 10.1007/s12526-016-0563-5.

Gavira-O'Neill K., Moreira J. R., Guerra-García J. M., (2015). Variaciones estacionales de la fauna vágil asociada a *Ectopleura crocea* (Cnidaria, Hydrozoa) en el puerto de El Rompido (Huelva). *Zoologica Baetica* 26:43–68

Gómez F., (2003). The role of the exchanges through the Strait of Gibraltar on the budget of elements in the Western Mediterranean Sea: consequences of human-induced modifications. *Marine Pollution Bulletin* 46: 685–694.

Grabowski M., Bacela E. K., Konopacka A., (2007). How to be an invasive gammarid (Amphipoda: Gammaroidea)–comparison of life history traits. *Hydrobiologia* 590: 75–84.

Guerra-García and García-Gómez, (2006). Recolonization of defaunated sediments: Fine versus gross sand and dredging versus experimental trays. *Estuarine Coastal and Shelf Science* 68: 328-342.

Guerra-García and García-Gómez, (2009). Recolonization of macrofauna in unpolluted sands placed in a polluted yachting harbour: A field approach using experimental trays. *Estuarine Coastal and Shelf Science* 81: 49–58.

Guerra-García J. M., Corzo J., García-Gómez J. C., (2003a). Short-Term Benthic Recolonization after Dredging in the Harbour of Ceuta, North Africa. *Marine Ecology* 24 (3): 217–229.

Guerra-García J. M., Corzo J., García-Gómez J. C., (2003b). Distribución vertical de la macrofauna en sedimentos contaminados del interior del puerto de Ceuta. *Boletín del Instituto Español de Oceanografía* 19: 105-121.

Guerra-García J. M., García-Gómez J. C., (2004) Crustacean assemblages and sediment pollution in an exceptional case study: a harbour with two opposing entrances. *Crustaceana* 77: 353–370.

Hänfling B., Edwards F., Gherardi F., (2011). Invasive alien Crustacea: dispersal, establishment, impact and control. *BioControl* 56: 573–595.

Hayes K. R., Sliwa C., (2003). Identifying a potential marine pests –a deductive approach applied to Australia. *Marine Pollution Bulletin* 46: 91–98.

Hobbs R. J., Mooney H. A., (2005). Invasive species in a changing world: the interactions between global change and invasives. En: Mooney H. A., Mack R. N., McNeely J. A., Neville L. E., Schei P. J., Waage J. K. (eds.) *Invasive Alien Species: a New Synthesis*, edited by. Island Press, Washington DC, pp 310–331.

IUCN, (2000). *Guidelines for the prevention of biodiversity loss caused by alien invasive species* prepared by the Species Survival Commission (SSC) invasive species specialist group. www.iucn.org/themes/ssc/publications/policy/invasivesEng.htm.

Karatayev A. Y., Burlakova L. E., Padilla D. K., Mastitsky S. E., Olenin S., (2009). Invaders are not a random selection of species. *Biological Invasions* 11:2009–2019.

Kolar C. S., Lodge D. M., (2001). Progress in invasion biology: Predicting invaders. *Trends in Ecology and Evolution* 16: 199–204.

Mack R. N., Simberloff D., Lonsdale W. M., Evans H., Clout M., Bazzaz F. A., (2000). Biotic invasions: causes, epidemiology, global consequences, and control. *Ecological applications* 10: 689–710.

Marzinelli E. M., Zagal C. J., Chapman M. G., Underwood A. J., (2009). Do modified habitats have direct or indirect effects on epifauna? *Ecology* 90: 2948–2955.

McKinney M. L., Lockwood J. L., (1999). Biotic homogenizaton: a few winners replacing many losers in the next mass extinction. *Trends in Ecology and Evolution* 14: 450–453.

McNeely J. M., Mooney H. A., Neville L. E., Schei P. J., Waage J. K., (2001). eds. *Global strategy on invasive alien species*. IUCN, Gland, SW.

Minchin D., Floerl O., Savini D., Occhipinti-Ambrogi A., (2006). Small craft and the spread of exotic species. En: Davenport J., Davenport J. D., (eds.). *The Ecology of Transportation: Managing Mobility for the Environment*, pp 99–118.

Mineur F., Cook E. J., Minchin D., Bohn K., MacLeod A., Maggs C. A., (2012). Changing coasts: marine aliens and artificial structures. *Oceanography and Marine Biology: Annual Review* 50: 189–233.

Olenin S., Elliott M., Bysveen I., Culverhouse P. F., Daunys D., Dubelaar G. B. J., *et al.,* (2011). Recommendations on methods for the detection and control of biological pollution in marine coastal waters. *Marine Pollution Bulletin* 62: 2598–2604.

People J., (2006). Mussel beds on different types of structures support different macroinvertebrate assemblages. *Austral Ecology* 31:271–281.

Pimentel D., Lach L., Zuniga R,. Morrison D., (2000). Environmental and economic costs associated with non-indigenous species in the United States. *BioScience* 50: 53–65.

Rocha R. M., Primo C., (2014). Guide for detecting and monitoring introduced marine species. In: Hernández-Zanuy A. C., Alcolado P. M., (eds) *Métodos para el estudio de la biodiversidad en ecosistemas marinos tropicales de Iberoamérica para la adaptación al cambio climático.* Red CYTED 410RT0396. E. Book. Instituto de Oceanología, La Habana. 272 p.

Ros, M., Vázquez-Luis, M., Guerra-García, J. M., (2015) 'Environmental factors modulating the extent of biological pollution in coastal invasions: the case of a widespread invasive caprellid (Crustacea: Amphipoda) in t*he Iberian Peninsula' Marine Pollution Bulletin,* 98:247-258

Ros M., Ashton G. V., Cabezas M. P., Cacabelos E., Canning-Clode J., Carlton J. T., Ferrario J., García-de-Lomas J., Gestoso I., Marchini A., Martínez-Laiz G., Ruiz G. M., (2023). Chapter 4 - Marine bioinvasions in the Anthropocene: Challenges and opportunities. En: *Coastal Habitat Conservation.* Editor: Free Espinosa. Academic Press. Págs. 81-110.

Ruiz G. M., Carlton J. T., Grosholz E. D., Hines A. H., (1997). Global invasions of marine and estuarine habitats by non-indigenous species: mechanisms, extent, and consequences. *American Zoologist* 37:621–632.

Ruiz G. M., Fofonoff P. W., Carlton J. R., Wonham M. J., Hines A. H., (2000). Invasion of coastal marine communities in North America: apparent patterns, processes, and biases. *Annual Review of Ecological Systematics* 31: 481–531.

Ruiz G. M., Freestone A. L., Fofonoff P. W., Simkanin C. (2009). Habitat distribution and heterogeneity in marine invasion dynamics: the importance of hard substrate and artificial structure. In: Wahl M (ed) Marine Hard Bottom

Communities: Patterns, Dynamics, Diversity and Change. Springer, Heidelberg, Germany.

Schmitz D. C., Simberloff D., (2001). *Biological invasions: a growing threat. Issues in Science and Technology* 13: 33–40.

Somaio N. C., Moreira R. R., Bettini P. F., Roper J. J., (2007). Use of artificial substrata by introduced and cryptogenic marine species in Paranaguá Bay, southern Brazil. *Biofouling* 23: 319–330.

Underwood A. J., (1997). *Experiments in ecology: their logical design and interpretation using analysis of variance.* Cambridge University Press, Cambridge

Underwood A. J., Chapman M. G., Richards S. A., (2002). GMAV-5 for Windows. *An analysis of variance programme. Centre for Research on Ecological Impacts of Coastal Cities.* Marine Ecology Laboratories, University of Sydney, Australia.

Zenetos A., Gofas S., Verlaque M., Cinar M. E., García-Raso J. E., *et al.* (2010) Alien species in the Mediterranean Sea by 2010. A contribution to the application of European Union's Marine Strategy Framework Directive (MSFD). Part I. Spatial distribution. *Mediterranean Marine Science* 11: 381–493

APÉNDICE

Fichas ilustradas de las especies exóticas encontradas

Caprella scaura (Templeton, 1836)

Estatus	Introducida
Área nativa	Mauricio, Brasil, Caribe, Australia o Japón [1]
Vectores	Fouling de barcos y acuicultura [2]
1º Cita en la Península Ibérica y Ceuta	Girona, 2005 asociada al briozoo *Bugula neritina* [3]; Ceuta: puerto deportivo [este estudio]
Área de introducción	Hawai, EEUU, Europa, Macaronesia, Norte de África [1]

Características

La característica más relevante de la especie es la presencia de una proyección dorsal en la cabeza. Además, los machos de *C. scaura* [sensu lato] se caracterizan por tener los pereonitos 1 y 2 elongados, el gnatópodo 2 largo pero no tanto como el pereonito 2 y por carecer de proyección ventral entre la inserción del segundo par de gnatópodos [1,2]. La subespecie introducida a lo largo del mundo es *C. s. typica-scaura* [1]

Ecología y posibles impactos

Esta especie parece relegada a los hábitats artificiales, especialmente puertos deportivos, en las zonas de introducción, donde puede alcanzar grandes densidades [2]. En la costa mediterránea de la Península Ibérica y el Estrecho de Gibraltar parece estar desplazando al congénere *Caprella equilibra* [4].

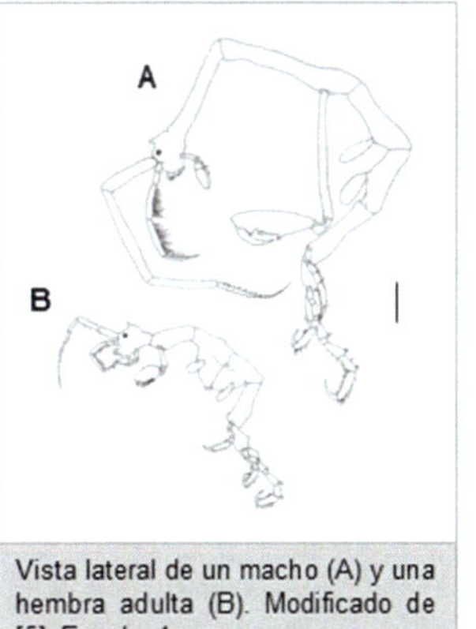

Vista lateral de un macho (A) y una hembra adulta (B). Modificado de [5]. Escala: 1mm

Referencias

[1] Ros M, Guerra-García JM, Navarro-Barranco C et al.(2014) The spreading of the non-native caprellid (Crustacea: Amphipoda) *Caprella scaura* Templeton, 1836 into southern Europe and northern Africa: a complicated taxonomic history. Mediterr Mar Sci 15: 145–165.

[2] Guerra-García JM, Ros M, Dugo-Cota A et al (2011) Geographical expansion of the invader *Caprella scaura* (Crustacea: Amphipoda:Caprellidae) to the East Atlantic coast. Mar Biol 158: 2617–2622.

[3] Martínez J, Adarraga I (2008) First record of invasive caprellid *Caprella scaura* Templeton, 1836 sensu lato (Crustacea: Amphipoda: Caprellidae) from the Iberian Peninsula. Aquatic Invasions 3: 165–171.

[4] Ros, M., Vázquez-Luis, M., Guerra-García, J.M. 2015 Environmental factors modulating the extent of biological pollution in coastal invasions: the case of a widespread invasive caprellid (Crustacea: Amphipoda) in the Iberian Peninsula. Mar Poll Bull 98:247-258.

[5] Guerra-García JM (2003) The Caprellidea (Crustacea: Amphipoda) from Mauritius Island,Western Indian Ocean. Zootaxa 232: 1–24.

Jassa slatteryi (Conlan, 1990)

Estatus	Introducida
Área nativa	Noreste Pacífico [1]
Vectores	Fouling de barcos y agua de lastre [2]
1º Cita en la Península Ibérica y Ceuta	Málaga, 2013[3]; Ceuta: puerto deportivo [este estudio]
Área de introducción	Coste este de EEUU, Europa, Océano Pacífico Sur, Sudáfrica [2]

Características

Las características más relevantes de esta especie residen en la forma del gnatópodo 2 con la palma cóncava y sin espinas, el propodio en machos con un pequeño diente situado cerca del orígen del dáctilo y con setas marginales en la base y el propodio. La antena 2 es plumosa en su margen anterodistal. El gnatópodo 1 tiene la palma ligéramente cóncava y el urópodo 1 tiene pequeñas espinas que ocupan el 50% del segmento 2 [4, 5].

Ecología y posibles impactos

Anfípodo tubícola que se alimenta fundamentalmente de detritus. Tiene una alta capacidad reproductiva y crece en altas densidades en ambientes portuarios [5]. Es la especie de fauna móvil dominante en el puerto de Ceuta. En la actualidad no se conocen impactos negativos.

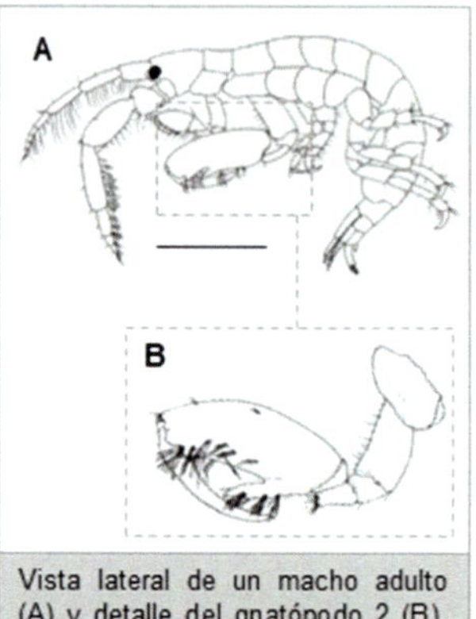

Vista lateral de un macho adulto (A) y detalle del gnatópodo 2 (B). Modificado de [3, 4]. Escala: 1mm

Referencias

[1] Pilgrim EM, Darling JA (2010) Genetic diversity in two introduced biofouling amphipods (*Ampithoe valida* & *Jassa marmorata*) along the Pacific North American coast: investigation into molecular identification and cryptic diversity. Diversity Distrib 16:827–839.

[2] Mead A, Carlton JT, Griffiths CL et al. (2011) Revealing the scale of marine bioinvasions in developing regions: a South African re-assessment. Biol Invasions 13: 1991–2008.

[3] Beermann J (2013) Ecological differentiation among amphipod species in marine fouling communities: studies on sympatric species of the genus *Jassa* Leach, 1814 (Crustacea, Amphipoda). PhD thesis, Freien Universität Berlin, Berlin, Germany.

[4] Chapman J.W. (2007) Gammaridea. In Carlton JT (ed) The light and Smith manual - intertidal invertebrates from central California to Oregon. Richmond: The University of California Press, pp. 545–618.

[5] Rumbold C, Lancia J, Vázquez G et al. (2015) Morphological and genetic confirmation of *Jassa slatteryi* (Crustacea: Amphipoda) in a harbour of Argentina. Mar Biodivers Rec 8: e37.

Stenothoe georgiana (Bynum & Fox, 1977)

Estatus	Introducida
Área nativa	Costa Atlántica de Norte América [1]
Vectores	Fouling de barcos y acuicultura [2,3]
1º Cita en la Península Ibérica y Ceuta	Murcia y Alicante (2016) en jaulas de acuicultura [2]; Ceuta: puerto deportivo [este estudio]
Área de introducción	Europa [2,3]

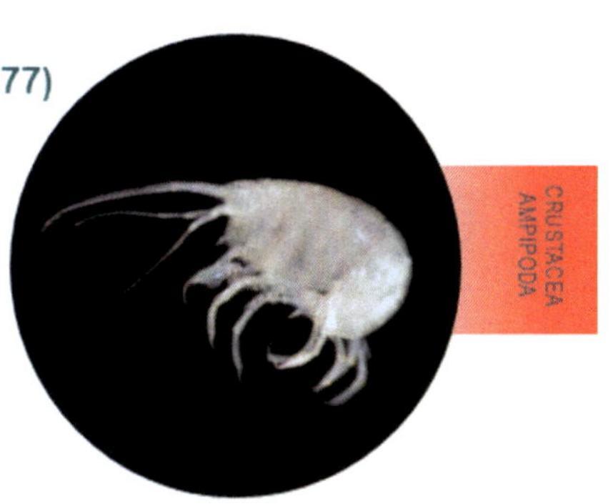

Características

Esta especie se podría confundir fácilmente con otros congéneres como *Stenothoe tergestina*. Sin embargo, a diferencia de otros *Stenothoe*, los machos tienen un gnatópodo 2 característico, con una protuberancia anteroventral semicircular en la palma con espinas [4]. La coxa del gnatópodo 2 es grande, redondeada en su parte anterior y más recta en su parte posterior [1]

Ecología y posibles impactos

Es una especie ampliamente distribuida por la costa este atlántica de EEUU. Su relación con los hábitats artificiales es bien conocida ya que fue descrita a partir de especímenes recolectados en un pilón de la estación marina de la Universidad de Carolina del Norte (EEUU). Es posible que lleve mucho tiempo en Europa pero que haya sido confundida con otros congéneres. No se conocen impactos negativos

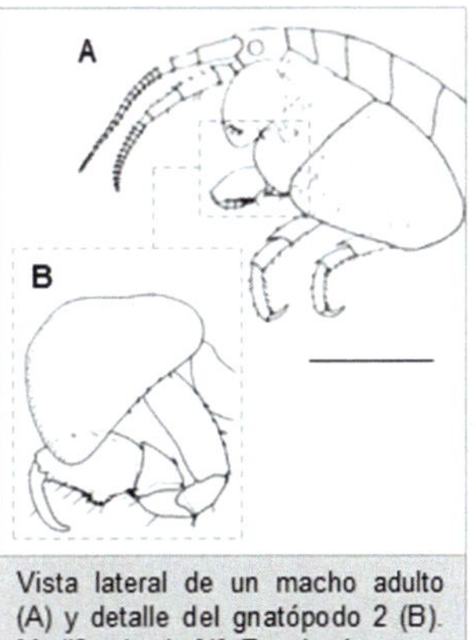

Vista lateral de un macho adulto (A) y detalle del gnatópodo 2 (B). Modificado de [1]. Escala: 1mm

Referencias

[1] Bynum KH, Fox RS (1977) New and noteworthy amphipod crustaceans from North Carolina, USA. Chesapeake Sci. 18:1–33

[2] Fernádez-González V, Sánchez-Jerez P (2016) Fouling assemblages associated with off-coast aquaculture facilities: an overall assessment of the Mediterranean Sea. Med Mar Sci, in press.

[3] Martínez-Laiz G (2016) Is recreational boating a vector for alien peracarids in the Mediterranean Sea? Master thesis. University of Pavia, Pavia, Italy.

[4] Krapp-Schickel (2015) Minute but constant morphological differences within members of Stenothoidae: the *Stenothoe gallensis* group with four new members, keys to *Stenothoe* worldwide, a new species of Parametopa and Sudanea n. gen. (Crustacea: Amphipoda). J Nat Hist doi.org/10.1080/00222933.2015.1021873

Laticorophium baconi (Shoemaker, 1934)

Estatus	Introducida
Área nativa	Costa Pacífica de América del Norte y América del Sur [1]
Vectores	Fouling de barcos [1]
1º Cita en la Península Ibérica y Ceuta	Tarragona, 2018[1]; Ceuta, 2011: puerto deportivo [Revanales et al. en preparación]
Área de introducción	Pacífico asiático, océano Atlántico y Australia [2]

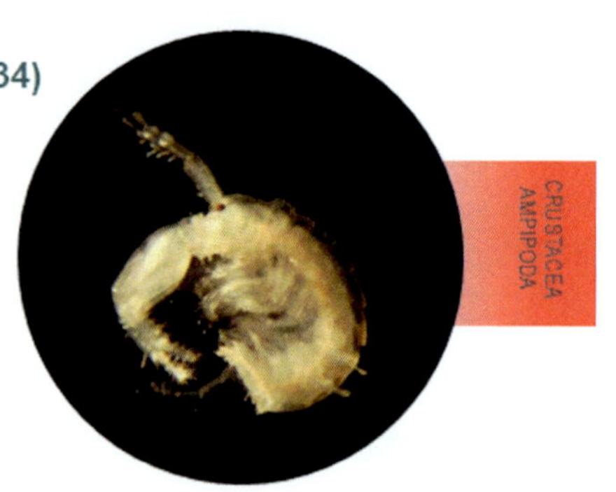

Características

Esta especie se podría confundir fácilmente con otros anfípodos de la familia Corophidae, como *Apocorophium acutum* [1,2]. Sin embargo, los machos tienen un proceso agudo ventromedial en el artículo 4 de la antena 2 y un proceso medio y distal en el artículo 5 de esta misma antena, que los permiten distinguir de otras especies morfológicamente similares [2,3].

Ecología y posibles impactos

Especie encontrada por primera vez en Europa y la Península Ibérica en un puerto deportivo de Tarragona en 2018 [1]. No obstante, la especie parece haber pasado inadvertida en muchos estudios, posiblemente confundida con *A. acutum* [1,2]. El presente estudio constituye la segunda vez que se cita en Ceuta, siendo la primera en 2011 (Revanales et al. en preparación). No se conocen impactos negativos.

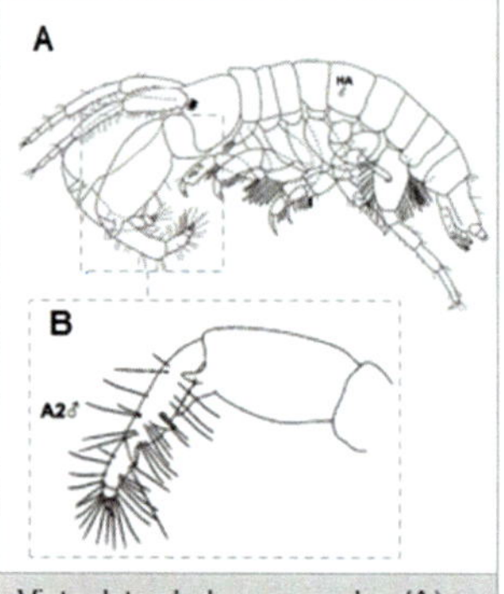

Vista lateral de un macho (A) y detalle de la antenna 2. Modificado de [3].

Referencias

[1] Gouillieux, B., & Sauriau, P. G. (2019). *Laticorophium baconi* (Shoemaker, 1934)(Crustacea: Amphipoda: Corophiidae: Corophiini): first record in European marine waters. BioInvasions Records, 8(4), 848-861.

[2] Saenz-Arias, P., Navarro-Barranco, C., & Guerra-García, J. M. (2022). Influence of environmental factors and sessile biota on vagile epibionts: The case of amphipods in marinas across a regional scale. Mediterranean Marine Science, 23(1), 1-13.

[3] Valerio-Berardo, M. T., & de Souza, A. M. T. (2009). Description of two new species of the Corophiidae (Amphipoda, Crustacea) and register of *Laticorophium baconi* (Shoemaker, 1934) from Brazilian waters. Zootaxa, 2215(1), 55-68.

Paracerceis sculpta (Holmes, 1904)

Estatus	Introducida
Área nativa	Costa Pacífica de Norte América [1]
Vectores	Fouling de barcos y agua de lastre [1]
1º Cita en la Península Ibérica y Ceuta	Cádiz, 2005 en el Río San Pedro [2]; Ceuta: puerto deportivo [este estudio]
Área de introducción	Hawaii, Hong Kong, Australia, Brasil, Sudáfrica y Europa [3]

Características

Los machos alfa y las hembras adultas se caracterizan por tener 3 tubérculos en la parte dorsal del pleotelson. Además, el pleotelson en machos acaba en una estructura con 3 dientes y los exópodos son alargados, ligeramente curvados y acabados en punta.

Ecología y posibles impactos

Esta especie, común en las comunidades del fouling de ambientes portuarios, es eurihalina y euriterma [3]. Además de resistir bien las fluctuaciones ambientales, tiene un éxito reproductivo alto. Esto se debe en parte a que sus poblaciones se componen de tres tipos de machos (alfa, beta y gamma). Los machos alfa poseen harenes de hembras entre los que se infiltran los machos beta (imitadores de hembras) y los gamma (imitadores de juveniles) para fecundarlas [4]. No se conocen impactos negativos.

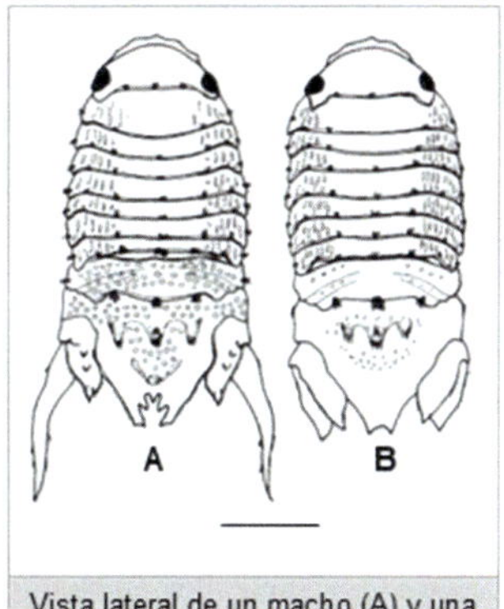

Vista lateral de un macho (A) y una hembra adulta (B). Modificado de [2]. Escala: 1mm

Referencias

[1] Mead A, Carlton JT, Griffiths CL et al. (2011) Revealing the scale of marine bioinvasions in developing regions: a South African re-assessment. Biol Invasions 13: 1991–2008.

[2] Rodríguez A, Drake P, Arias AM (1992) First Records of *Paracerceis sculpta* (Holmes, 1904) and *Paradella dianae* (Menzies, 1962) (Isopoda, Sphaeromatidae) at the Atlantic Coast of Europe. Crustaceana 63: 94-97

[3] Espinosa-Perez MA, Hendrickx ME (2002) The genus *Paracerceis* Hansen, 1905 (Isopoda, Sphaeromatidae) in the eastern tropical Pacific, with the description of a new species. Crustaceana: 74(11):1169–1187.

[4] Shuster MS, Sassaman C (1997) Genetic interaction between male mating strategy and sex ratio in a marine isopod. Nature 388: 373-377

Paradella dianae (Menzies, 1962)

Estatus	Introducida
Área nativa	Costa Noreste Pacífica [1]
Vectores	Fouling de barcos [1]
1º Cita en la Península Ibérica y Ceuta	Cádiz, 2005 en el Río San Pedro [2]; Ceuta: puerto deportivo [este estudio]
Área de introducción	Hawaii, Hong Kong, Australia, Brasil, Europa, Arabia, Costa Atlántica de América Central y del Norte [3]

Características

Tanto machos como hembras adultos se caracterizan por tener un pleotelson triangular y granuloso con varios pares de tubérculos dorsales. Los exópodos son ligeramente aserrados y el canal pleotelsónico en hembras se encuentra fusionado mientras que en machos forma una estructura similar a un corazón.

Ecología y posibles impactos

Es una especie común del fouling de ambientes portuarios, donde puede alcanzar grandes densidades, aunque también se ha encontrado en costas rocosas y fondos blandos en las áreas de introducción. Es capaz de tolerar un amplio rango de condiciones ambientales, incluyendo bajas salinidades y aguas muy contaminadas [4]. Su ciclo de vida es interesante ya que las hembras pueden transformarse en machos. Todavía no se han descrito impactos negativos.

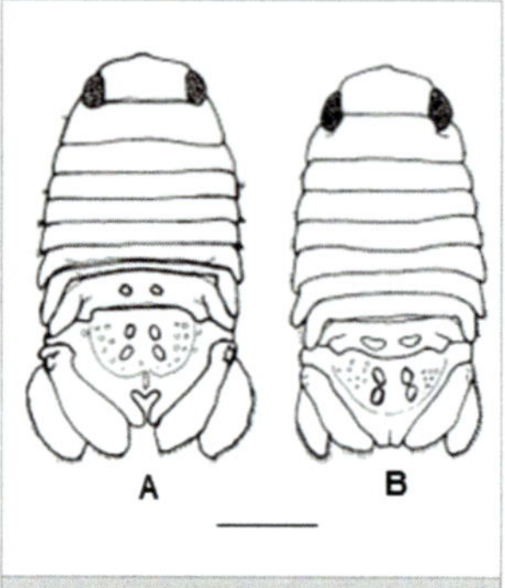

Vista lateral de un macho (A) y una hembra adulta (B). Modificado de [2]. Escala: 1mm

Referencias

[1] Galil BS (2011) The alien crustaceans in the Mediterranean: an historical overview. In: Galil BS, Clark PF, Carlton JT (eds). In the wrong place – alien marine crustaceans: distribution, biology and impacts. Springer, Berlin, pp 377–401.

[2] Rodriguez A, Drake P, Arias AM (1992) First Records of *Paracerceis sculpta* (Holmes, 1904) and *Paradella dianae* (Menzies, 1962) (Isopoda, Sphaeromatidae) at the Atlantic Coast of Europe. Crustaceana 63: 94-97

[3] Atta MM (1991) The occurrence of Paradella dianae (Menzies, 1962) (Isopoda, Flabellifera, Sphaeromatidae) in Mediterranean waters of Alexandria. Crustaceana 60: 213-218

[4] Harrison K, Holdich DM (1982) Revision of the genera *Dynamenella, Ischyromene, Dynamenopsis, Cymodocella* (Crustacea: Isopoda), including a new genus and five new species of *Eubranchiate* Sphaeromatidae from Queensland waters. Journal of Crustacean Biology, 2 (1): 84-119.

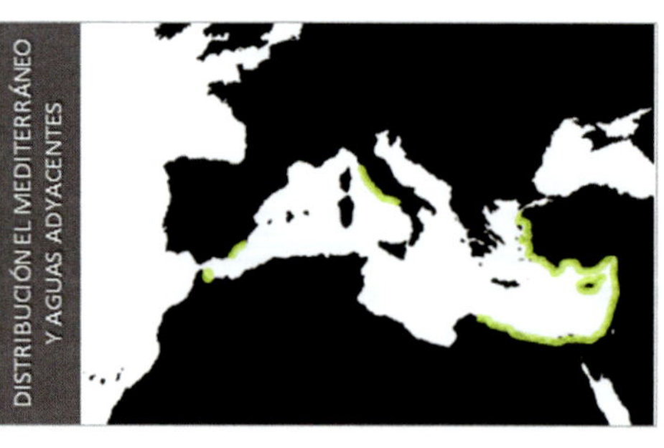